量子精灵
探秘科圣墨子

薛 进/著　　吴 楠/绘

中国科学技术大学出版社

特别致谢:

　　在该书创编过程中给予大力支持的张锦平研究员（中国科学院苏州纳米技术与纳米仿生研究所）、吴令安研究员（中国科学院物理研究所）、张庆军副编审（中国墨子学会）、居琛勇博士（中国科学技术大学）、王子毓同学（苏州工业园区金鸡湖学校）等热心科学普及的专家和师生们！

图书在版编目（CIP）数据

量子精灵探秘科圣墨子/薛进著；吴楠绘.—合肥：中国科学技术大学出版社，2018.6
（量子科学出版工程）
"十三五"国家重点图书出版规划项目
ISBN 978-7-312-04463-2

Ⅰ.量…　Ⅱ.①薛…　②吴…　Ⅲ.墨翟（前468—前376）—科学技术—成就—普及读物　Ⅳ.N092-49

中国版本图书馆CIP数据核字（2018）第135130号

出版　中国科学技术大学出版社
　　　安徽省合肥市金寨路96号，230026
　　　http://press.ustc.edu.cn
　　　http://zgkxjsdxcbs.tmall.com
印刷　鹤山雅图仕印刷有限公司
发行　中国科学技术大学出版社
经销　全国新华书店
开本　889 mm×1194 mm　1/16
印张　2
字数　26 千
版次　2018年6月第1版
印次　2018年6月第1次印刷
定价　39.00元

嗨，大家好！我是古灵精怪的量子精灵。怪就怪在，我既像粒子一个个，又像波纹一圈圈。

嘘——地球村正准备发射"墨子号"量子卫星，千年难遇！想凑热闹的，请锁定信号，火速前往。

瞧！第一颗量子科学实验卫星——"墨子号"即将发射。
倒计时开始：10，9，8，7，6，5，4，3，2，1——点火！

量子卫星为什么会起名"墨子号"呢？
这"墨子"又是何方神圣，竟然能和高大上
的量子卫星相提并论？

好奇的量子精灵打开量子计算机，瞬间将搜索出的所有与墨子相关的信息，集成设计出一个"虚拟墨子"。

嗨，聪明的量子精灵。我是你激活的虚拟墨子。你能用遥控、声控、触控，甚至意念等任何你喜欢的方式和我互动哦！

我的真身——墨子，那可是中国古代诸子百家中，赫赫有名的墨家学派创始人啊！

墨子聪慧好学、文武双全、文理工兼通，又由于他在光学、力学、数学、几何、工程等众多科学技术领域都有精深造诣，被后世科学家尊称为"科圣"。

只可惜先秦后，墨家科技之光，昙花一现；后世科技之梦，星星之火，历经几千年曲折发展，才成今日燎原之势。

"愿意和我一起穿越回到你的真身——墨子曾经生活过的时空吗？"听到量子精灵的话，虚拟墨子头点得像小鸡吃米似的。

量子精灵与虚拟墨子目不转睛地看着时空转换隧道外，墨子从老到小、一闪而过、逆向回放的生命历程。

转眼间，他俩就来到了墨子生命的起点和出生地。

墨子出生于公元前468年。母亲在生他的前夕，梦见一只美丽的金凤凰，飞落到他家院里的梧桐树上。后人为了纪念他，便将他家旁边那座山命名为"落凤山"。

墨子的父亲是位能工巧匠。墨子从小淘气、好动，喜欢琢磨、拆装各种玩意儿。他跟着父亲，慢慢学会了木工、皮革、制陶、冶金等多种手工艺。

取平要用水平仪

取直要绷紧墨线

取垂直要用悬挂的垂线

制方要用矩尺

制圆要用圆规

有道是"不以规矩，不能成方圆"，墨子提出的五项做工要求，被后世奉为"工匠五准则"。

墨子曾经花了三年的时间，用木片做了一只"飞鸟风筝"，那可是世界上最早的"飞行器"啊！

人类最早的飞行器
是中国的风筝和火箭
美国国家航空航天博物馆

墨子不仅是中国历史上的"科圣"，也为世界科技萌芽零零星星创下了不少"世界第一"。

瞧，在暗屋朝阳的墙上开一个小孔，墨子对着小孔站在屋外，直射进来的太阳光，照射到暗屋里正对的白墙上，映出他倒立的光影。

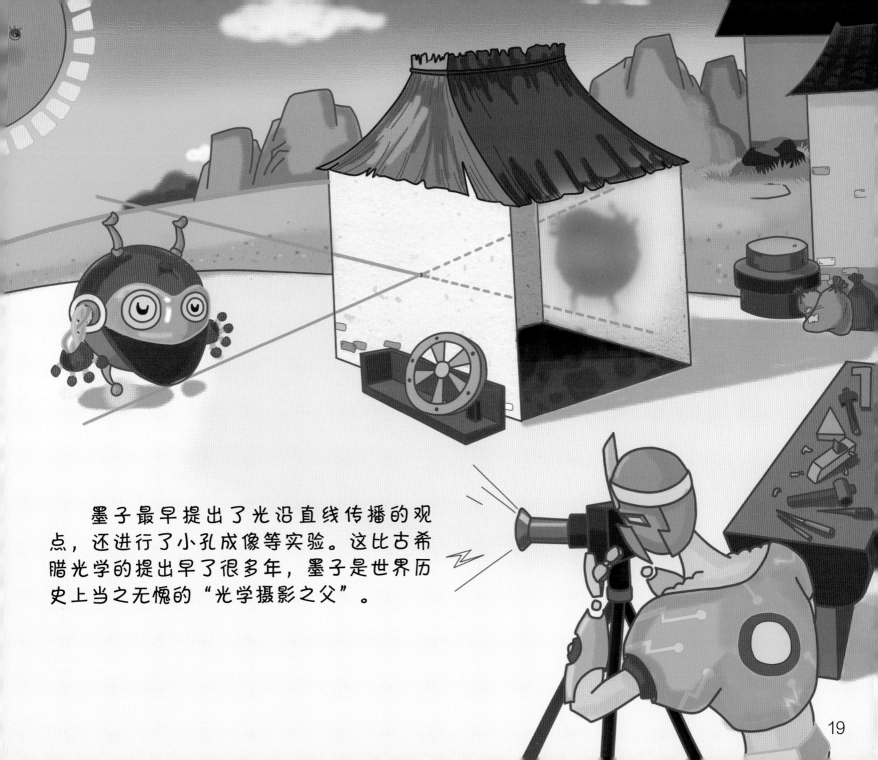

　　墨子最早提出了光沿直线传播的观点，还进行了小孔成像等实验。这比古希腊光学的提出早了很多年，墨子是世界历史上当之无愧的"光学摄影之父"。

有关小孔成像，还有个"豆荚映画"机智救命的故事呢！有位国君重金聘请了一位作画高手，能在豆荚里的透明薄膜上画画。画师用时三年终于画完。可是国君在豆荚薄膜上什么也看不到，疑心受骗，要杀画师。

机灵的画师请求找一间暗室，在朝阳的墙上凿一个小孔，把豆荚薄膜上的画面倒置，放到小孔处，迎着阳光观看，暗室里白墙上清晰显示出豆荚上巨龙飞腾的精彩画面。皇帝看后十分高兴，画师才幸免杀身之祸。

　　墨子有关"杠杆平衡"的设计和应用，比古希腊"力学之父"阿基米德的"杠杆定律"早了两百多年。
　　阿基米德曾说："给我一个支点，我就能撬起整个地球。"如果真有这个支点，墨子比阿基米德早两百多年就已经把地球撬起来啦！

古今中外，在人们的生活和生产中，到处都有"杠杆平衡"的灵巧应用。

《经上》…圆，一中，同长也。

《经说上》…力，重之谓下，举重奋也。

《经上》…力，形之所以奋也。

《经上》…始，当时也。

《经上》…端，体之无序而最前者也。

《墨经》里最早有关"端"的提法与我们不能再分的量子精灵息息相关。这也正是量子卫星命名"墨子号"的重要原因。

《墨经》里最早有关"力的定义"等的提法，比牛顿的"惯性定律"等的提法早了一千多年呢！

墨子有关"方、圆、长、高"等的提法，与古希腊"几何之父"欧几里得不谋而合。

中国科学家利用科圣墨子的圆规理论，搭建成世界最大的"天眼"FAST，用来探究宇宙奥秘、捕捉外星信号……

中国科学家为了纪念墨子在早期物理、光学等方面的突出成就，就将世界上第一颗量子卫星取名为"墨子号"。

墨子可真了不起啊！难怪后世科学家把科圣
墨子与同时代整个希腊众多科学家相媲美。

俯视蓝色星球，"墨子号"量子卫星时时环绕地球，传递信息，连通天地人间。

仰望浩瀚天际，"科圣墨子"与量子卫星遥相辉映，同耀苍穹。